HISTOIRE

DES

CHAMPIGNONS,

COMESTIBLES ET VÉNÉNEUX,

Où l'on expose leurs caractères distinctifs, leurs propriétés alimentaires et économiques, leurs effets nuisibles et les moyens de s'en garantir ou d'y remédier,

OUVRAGE UTILE AUX AMATEURS DE CHAMPIGNONS,

AUX MÉDECINS, AUX NATURALISTES,
AUX PROPRIÉTAIRES RURAUX, AUX MAIRES, AUX CURÉS DES CAMPAGNES, ETC.

PAR JOSEPH ROQUES,

Auteur de la PHYTOGRAPHIE MÉDICALE et du NOUVEAU TRAITÉ DES PLANTES USUELLES.

DEUXIÈME ÉDITION REVUE ET AUGMENTÉE.

ARRAS.

à Paris,

CHEZ FORTIN, MASSON ET Cie,

PLACE DE L'ÉCOLE-DE-MÉDECINE, 1er

1841.

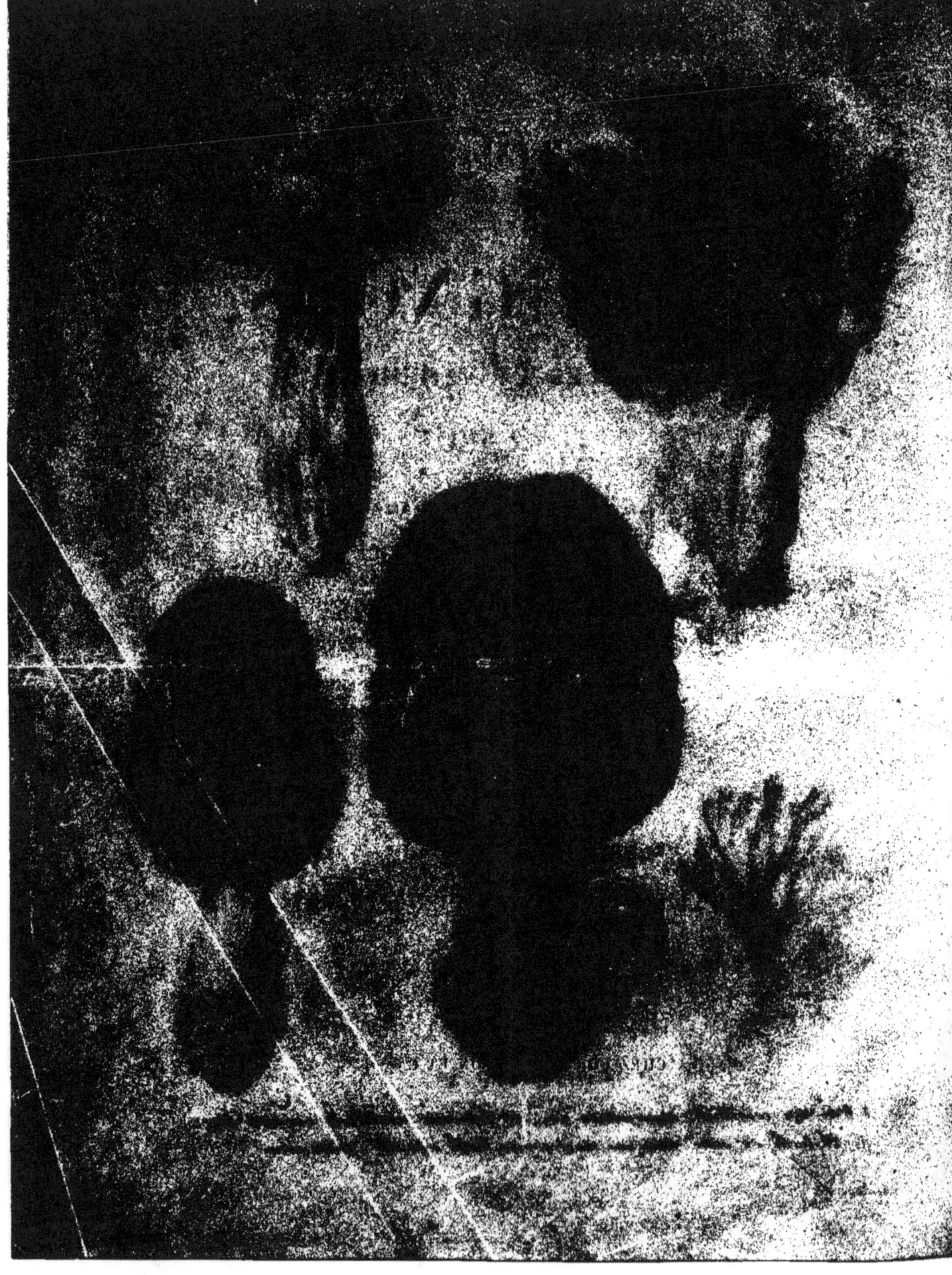

1. Clavaire coralloïde. Clavaria coralloides. Mim. — 2. Clavaire améthyste. C. amethystea. Mim.
3. Helvelle en mitre. Helvella mitra. Mim. — 4 et 5. Morille comestible. Morchella esculenta.

1. Polypore luisant. Polyporus lucidus. Venen. — 2. Hydne sinué. Hydnum repandum. Alm.
3. Hérisson tête de Méduse. Hericium caput Medusæ. Alm. — 4. Hypodrys hépatique. Hyp. hepaticus. Alm.

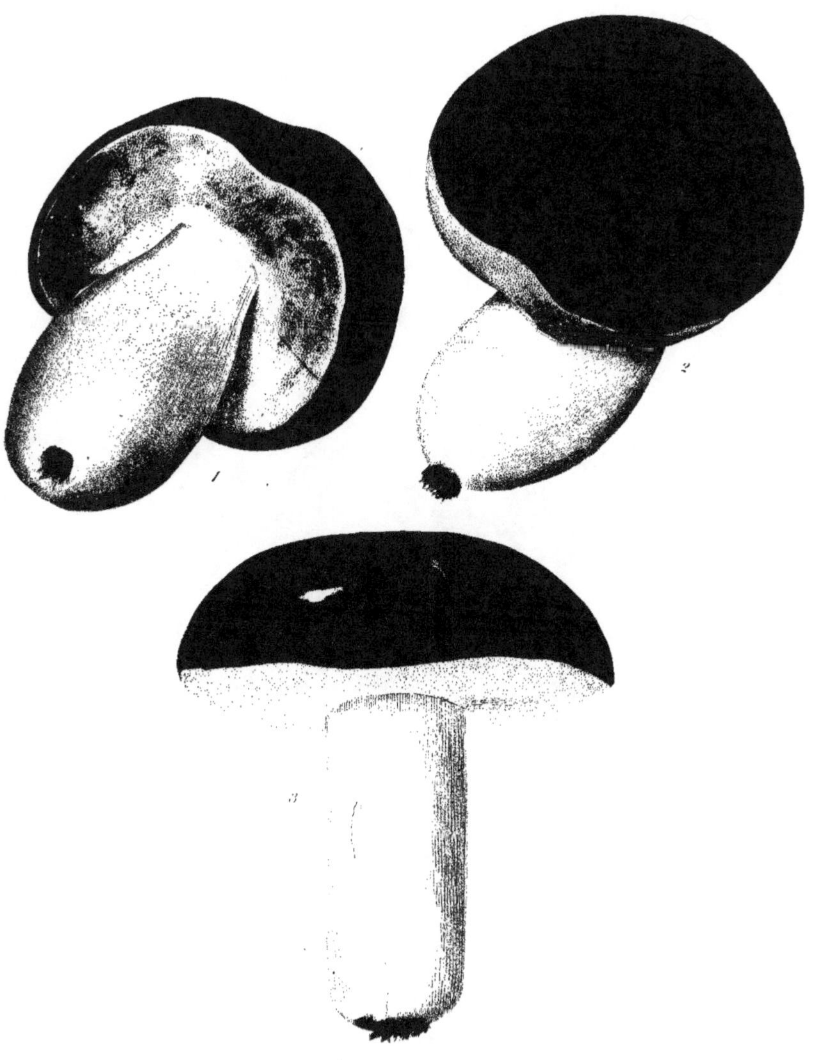

1, 2 et 3. Bolet bronzé, *Boletus aereus*, Alim.

Harquetel et Bordes del.

Gaucel sculp.

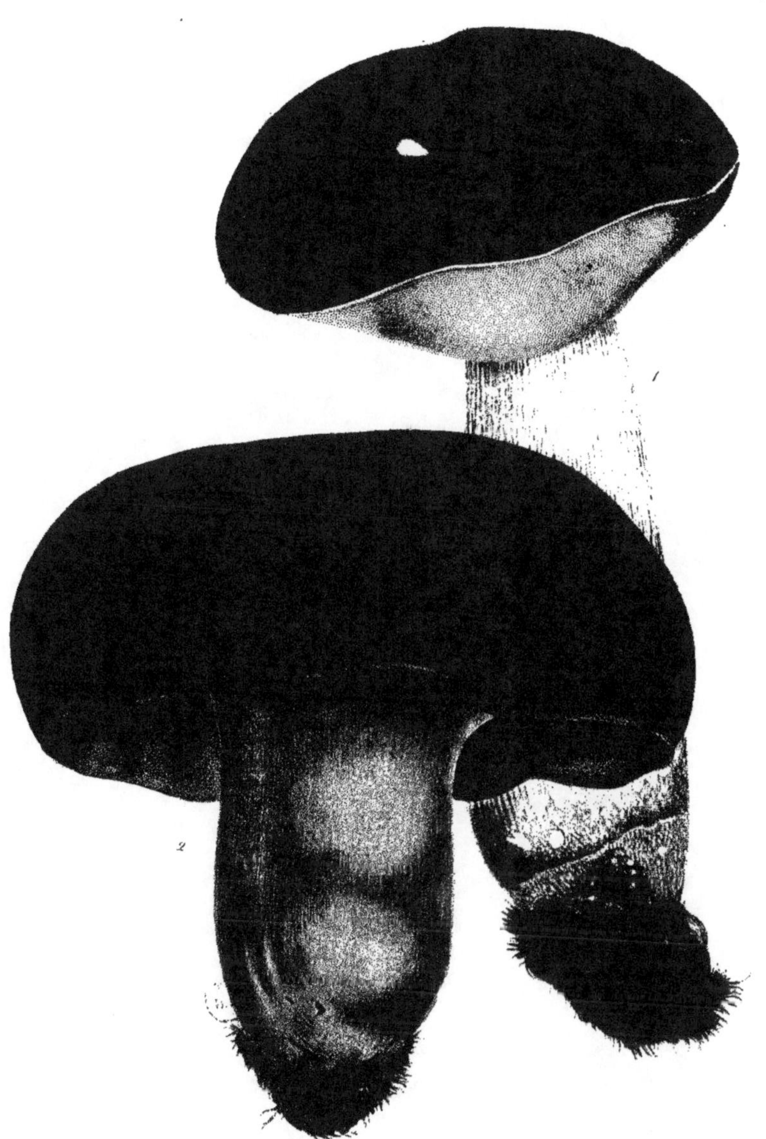

1. Bolet bronzé. *Boletus aereus*. Alb. – 2. Bolet comestible. *Boletus edulis*.

Bordes del.

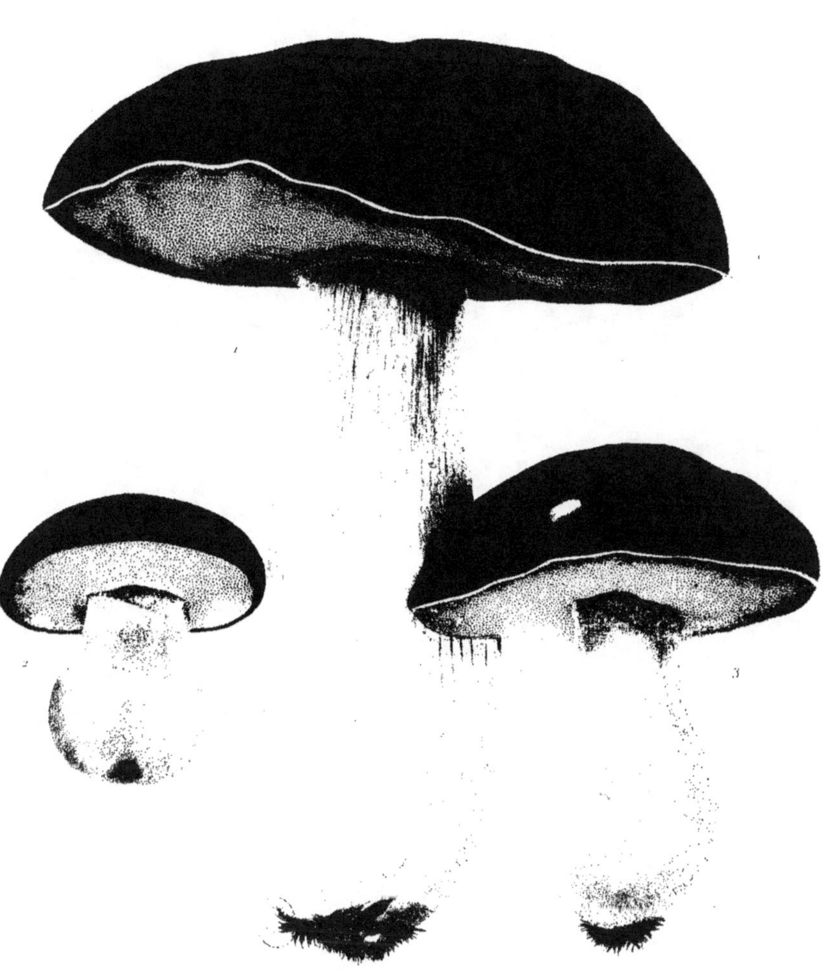

1, 2 et 3. Bolet comestible. Boletus edulis.

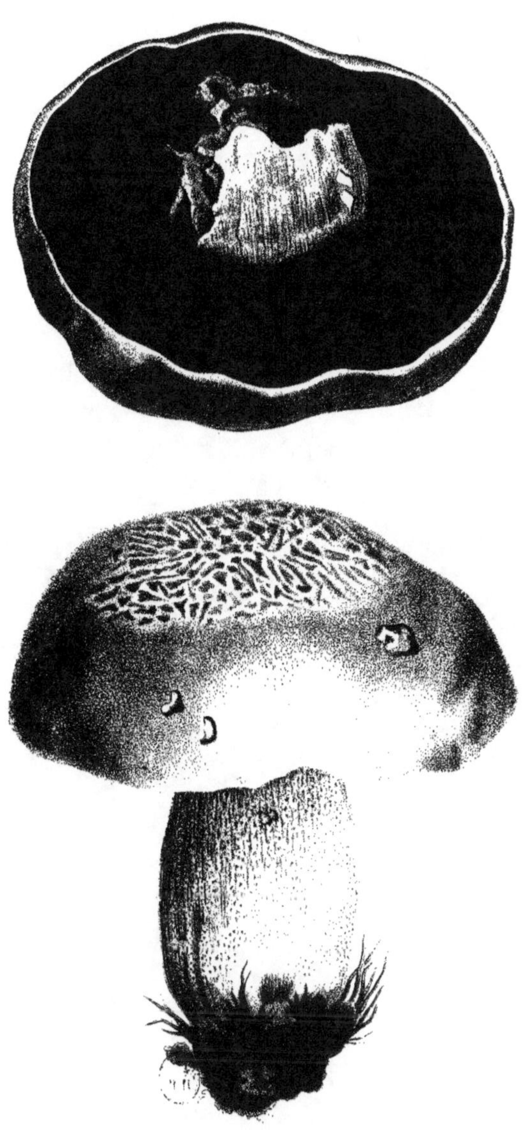

Bolet marbré *Boletus marmoreus* . Venen

Bardin del. *Guinet Sculp.*

Pl. 7.

1, 2 et 3. Bolet pernicieux. *Boletus perniciosus.* 4. Bolet poivré. *Boletus piperatus.* Vénén.

Bocquart et Bordes del. Gabriel sc.

1. Bolet azuré. Boletus cyanescens. Suspect. — 2. Bolet blanchâtre. Boletus albidus. Suspect.
3. Bolet chrysentère. Boletus chrysenteron. Suspect.

Hocquart et Bardin del. [illegible] sculp.

Pl. 9

1. Bolet rude *Boletus scaber*. Alm. — 2 et 3. Bolet orangé *Boletus aurantiacus*. Alm.

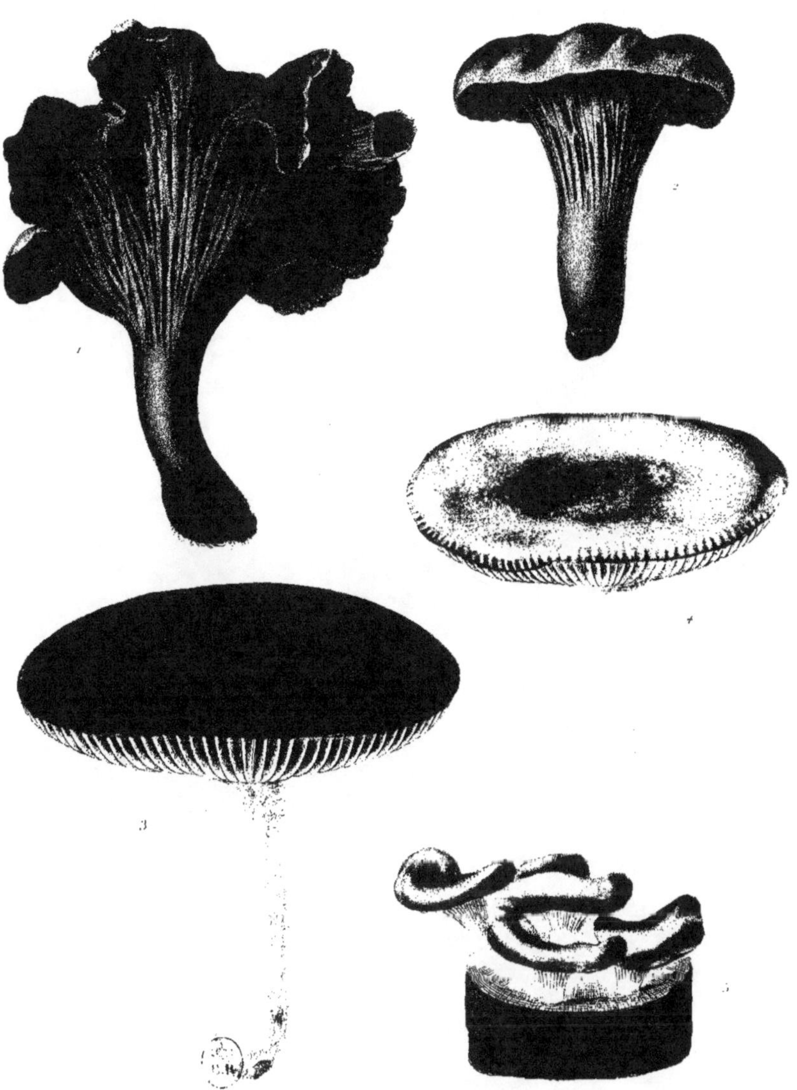

1 et 2. *Chanterelle comestible*. Cantharellus cibarius. 3. *Agaric alutacé* Agaricus alutaceus N. 4.
Agaric sapide Agaricus sapidus. Allin. 5. *Agaric styptique* Agaricus stypticus. Neuer.

Bocquart del. A. Bocquart sculp.

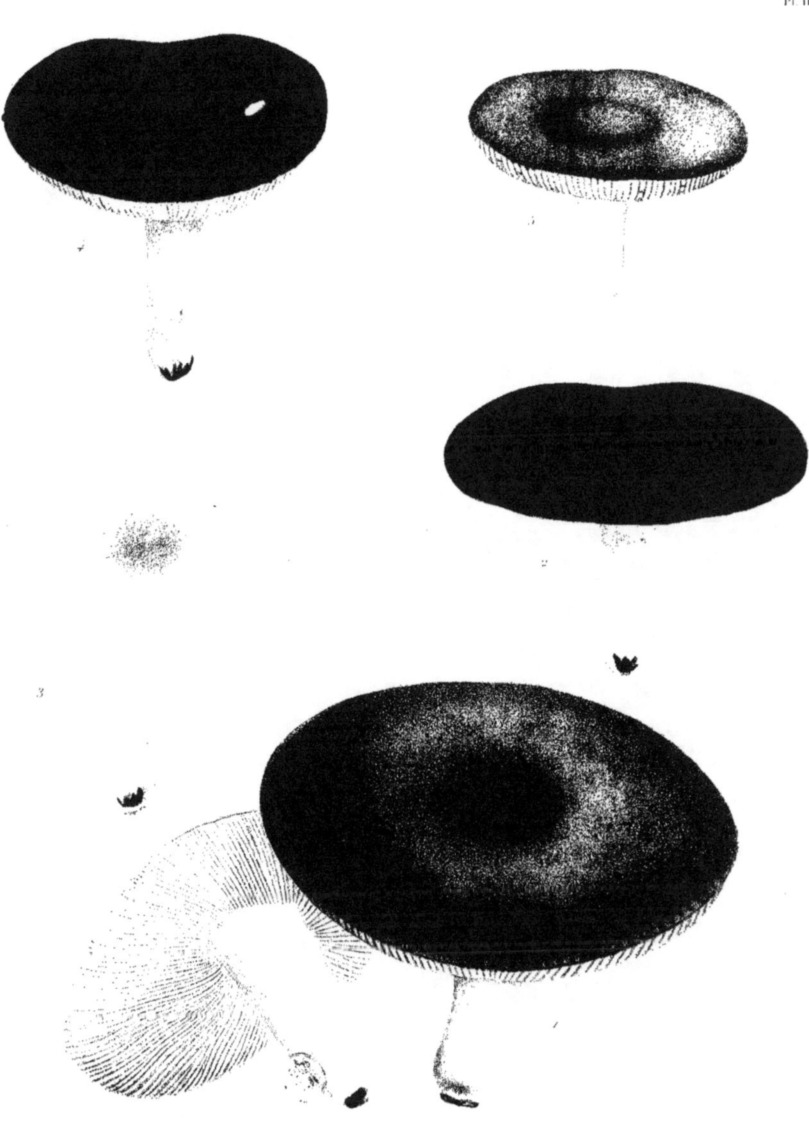

1. 2. 3. Agaric émétique et ses variétés. Agaricus emeticus Schaeff.

Bocquart del. — Dubreuil sculp.

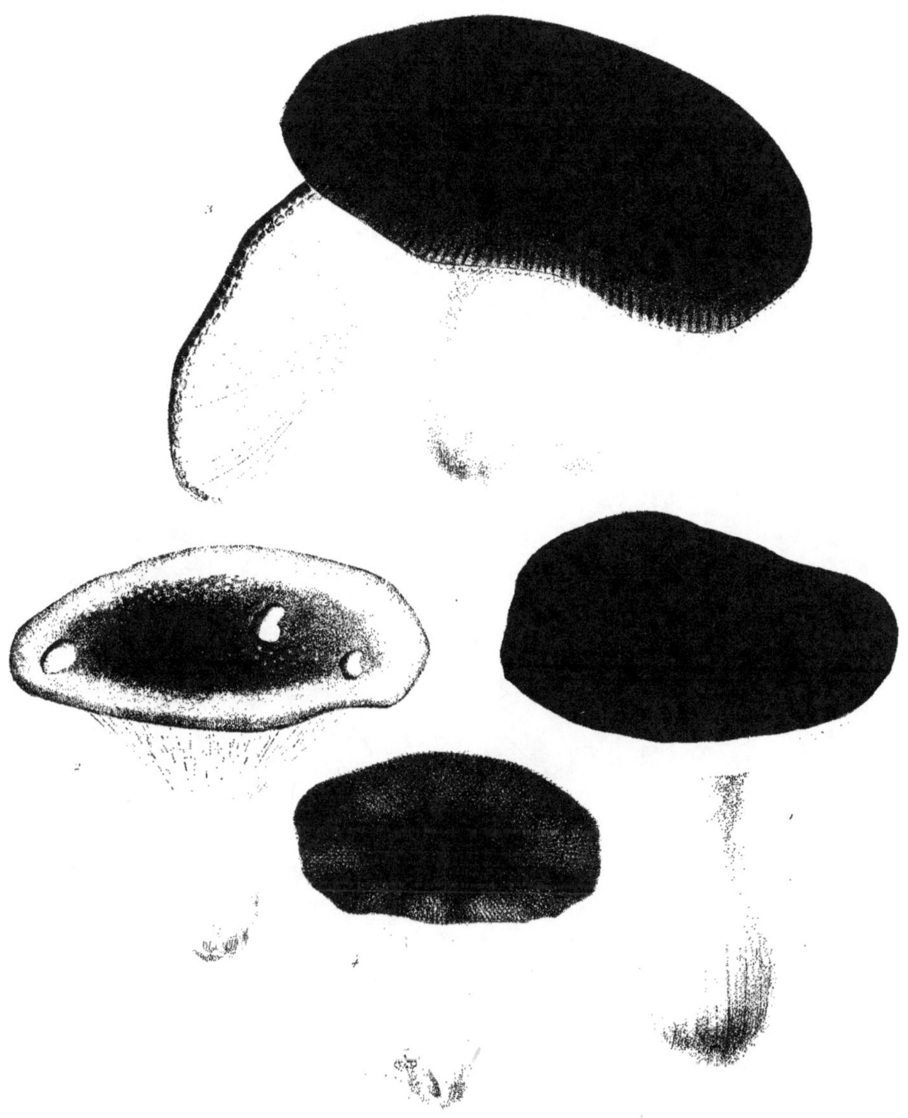

1. Agaric sanguin *Agaricus sanguineus* Venen. — 2. Agaric fourchu *Agaricus furcatus* Venen.

3 et 4. Agaric verdoyant *Agaricus viridis* Alm.

Bocquart del. Gabriel sculp.

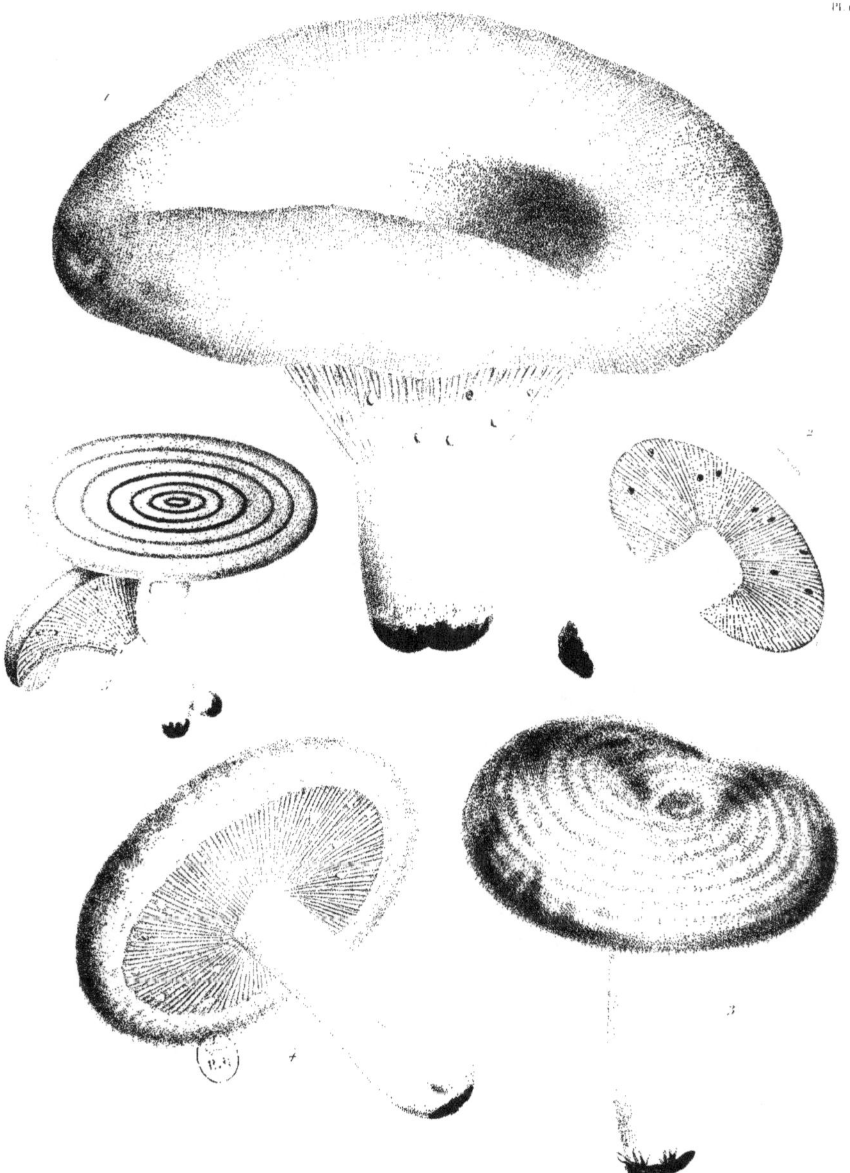

1 et 2. Agaric poivré *Agaricus piperatus* Suspect. — 3 et 4. Agaric meurtrier *Agaricus necator*
5. Agaric caustique *Agaricus pyrogalus* Vénén.

Gerdes del. *Eichord sculp.*

Pl. 14.

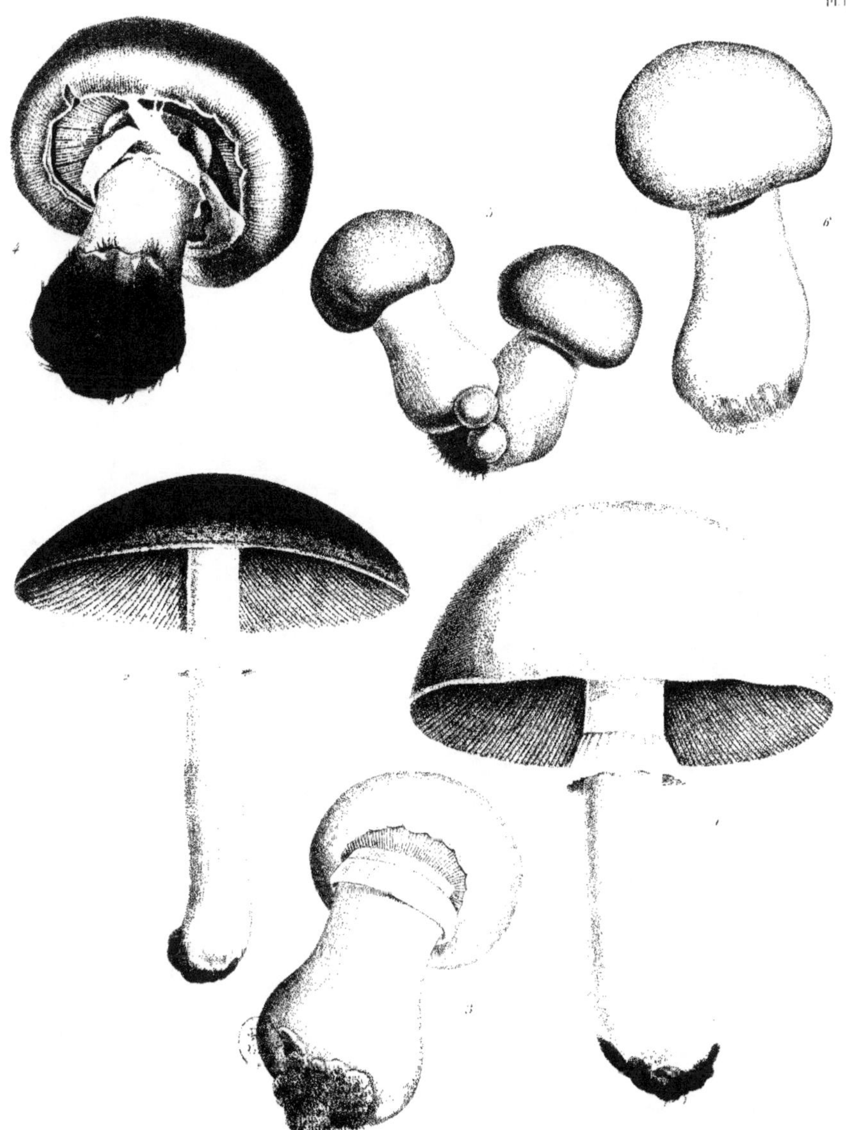

1–6. Champignon comestible et ses variétés

Pl. 15.

1. Agaric amer. *Agaricus amarus.* Nenen. — 2. Agaric doré. *Agaricus aureus* Nenen.
3. Agaric améthyste. *Agaricus amethysteus.* Alb. — 4. Agaric anisé. *Agaricus anisatus* Alb.
Bardes et Bocquart del. — 5. Agaric nébuleux. *Agaricus nebularis.* Alb. — Bocquart, sculp.

1, 2 et 3. Agaric mousseron. *Agaricus albellus.* — 4, 5. Agaric aromatique. *Agaricus aromaticus.* Alim.
6. Agaric couleur de soufre. *Agaricus sulphureus.* Suspect. — 7, 8. Agaric faux mousseron. *Agaricus tortilis.* Alim.

Bordes del. Gabriel sculp.

1.er Agaric violet. *Agaricus violaceus.* Alb. — 2. Agaric tache de sang. *Agaricus Hæmatochelis.* Alb.
3 et 4. Agaric élevé. *Agaricus procerus.* Alb.

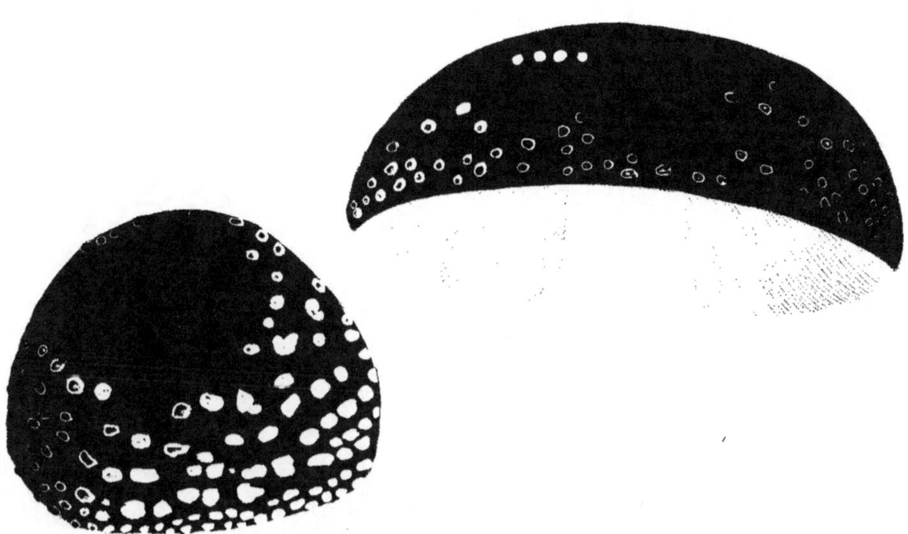

Fig. 1. 2. 3. *Agaric fausse oronge.* Agaricus muscarius Linn.

Bessa del. Gabriel sculp.

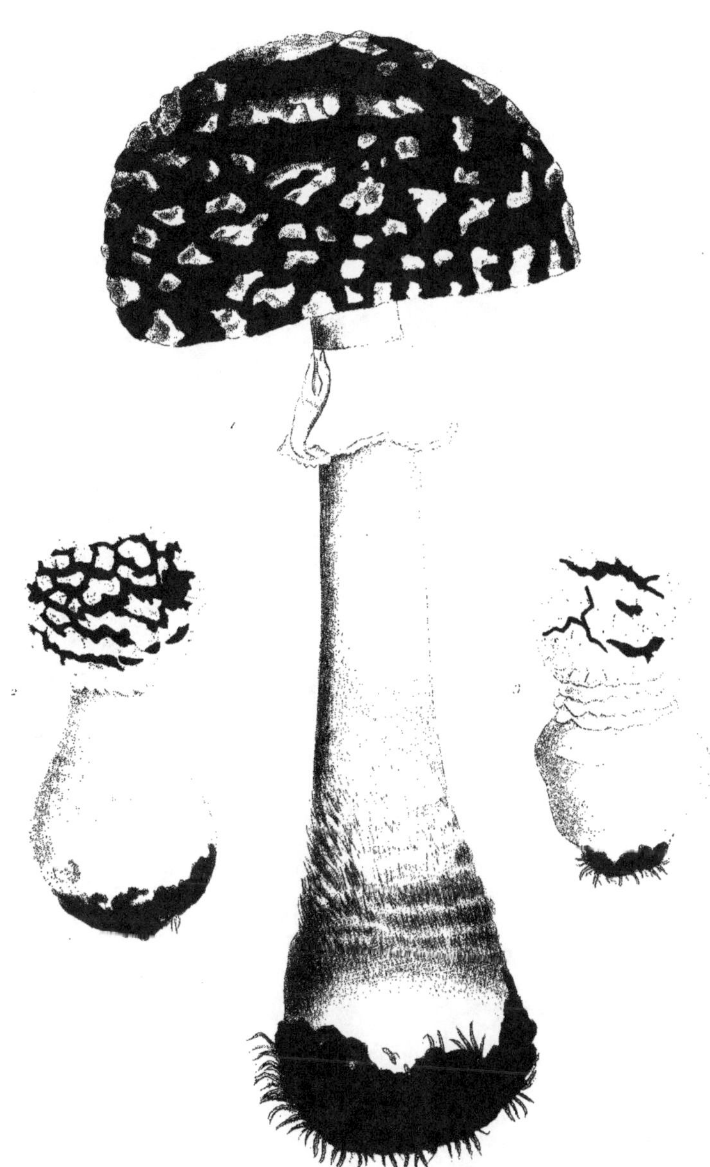

1. 2. 3. Agaric fausse oronge (variété à taches jaunes.) Agaricus muscarius. Venen.

[illegible] del.
Gabriel sculp.

1

2 3

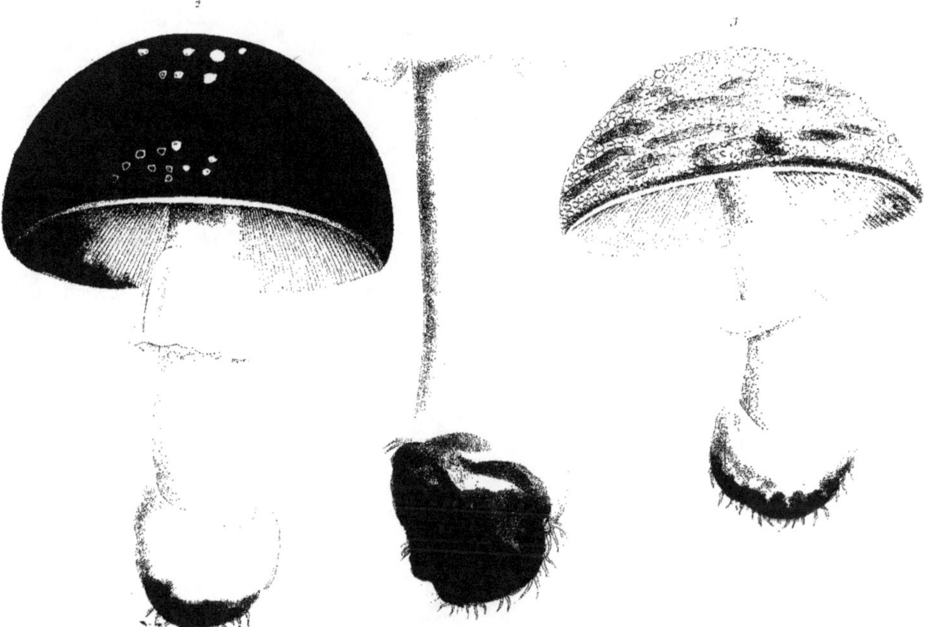

1. Agaric fausse oronge entière sans taches. Agaricus [illegible] Nenen

2. Agaric fuligineux. Agaricus fuliginosus Nenen.

3. Agaric dartreux. Agaricus herpeticus Nenen

Burdet del. Gabriel sc.

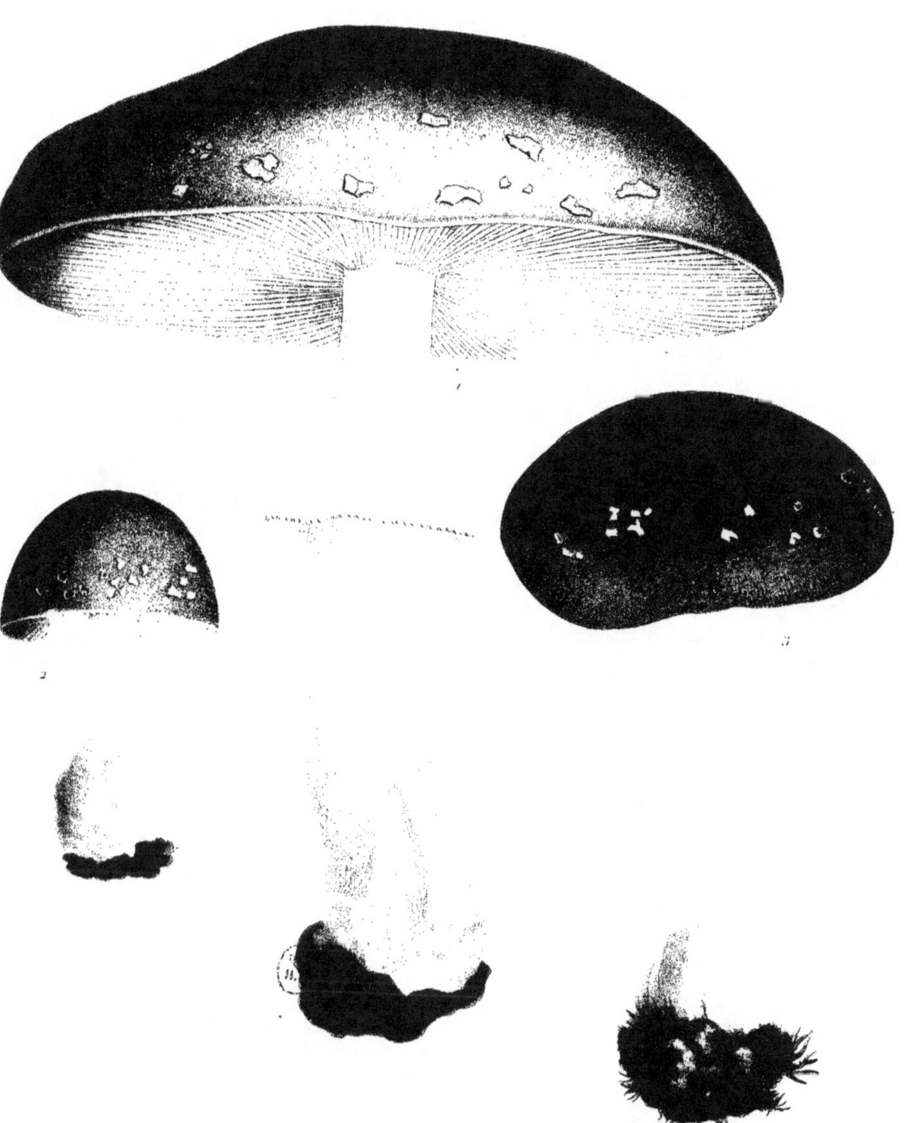

1. Agaric blanc-fauve. Agaricus fulvo-albicans. Nenen.
2 et 3. Agaric cendré. Agaricus cinereus. Nenen.

Gaudex del. [illegible] sculp.

1-4. Agaric orangé *Agaricus aurantiacus*. Alb.

Bordes del. Gabriel sculp.

Pl. 25

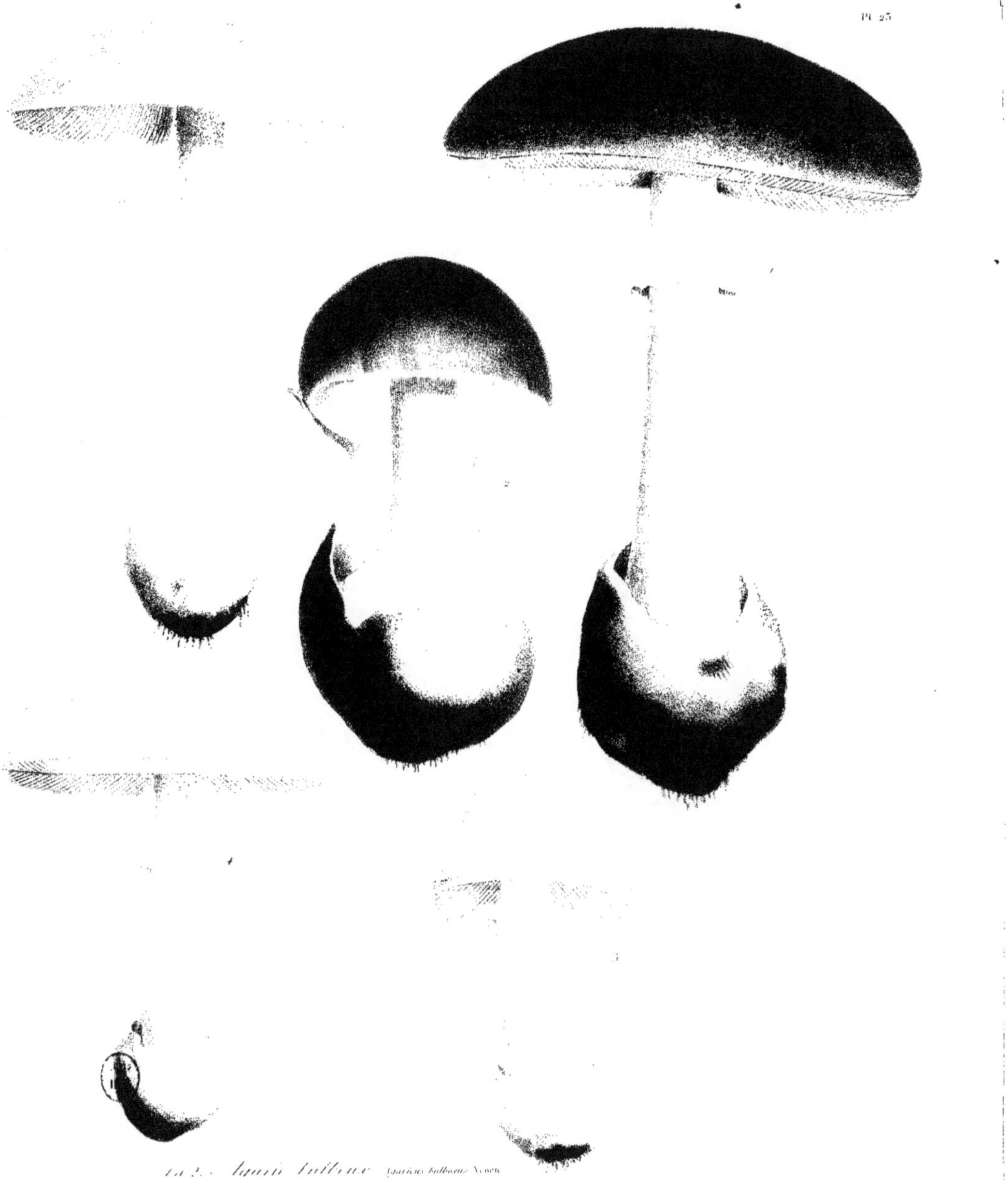

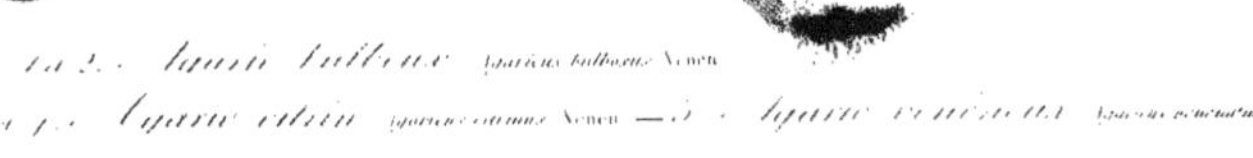

1 à 2. Agaric bulbeux Agaricus bulbosus Venen.

3 à 4. Agaric citrin Agaricus citrinus Venen. — 5. Agaric veneneux Agaricus venenatus

Bessa del. Gabriel sculp.

Truffe comestible. Tuber cibarium. — 1 et 2. *Truffe du Périgord* — 3 et 4. *T. du Quercy.*
5 et 6. *T. de la Drôme* — 7 et 8. *T. du Gard* — 9 et 10. *T. de Vaucluse.*

[illegible] del. [illegible] sculp.

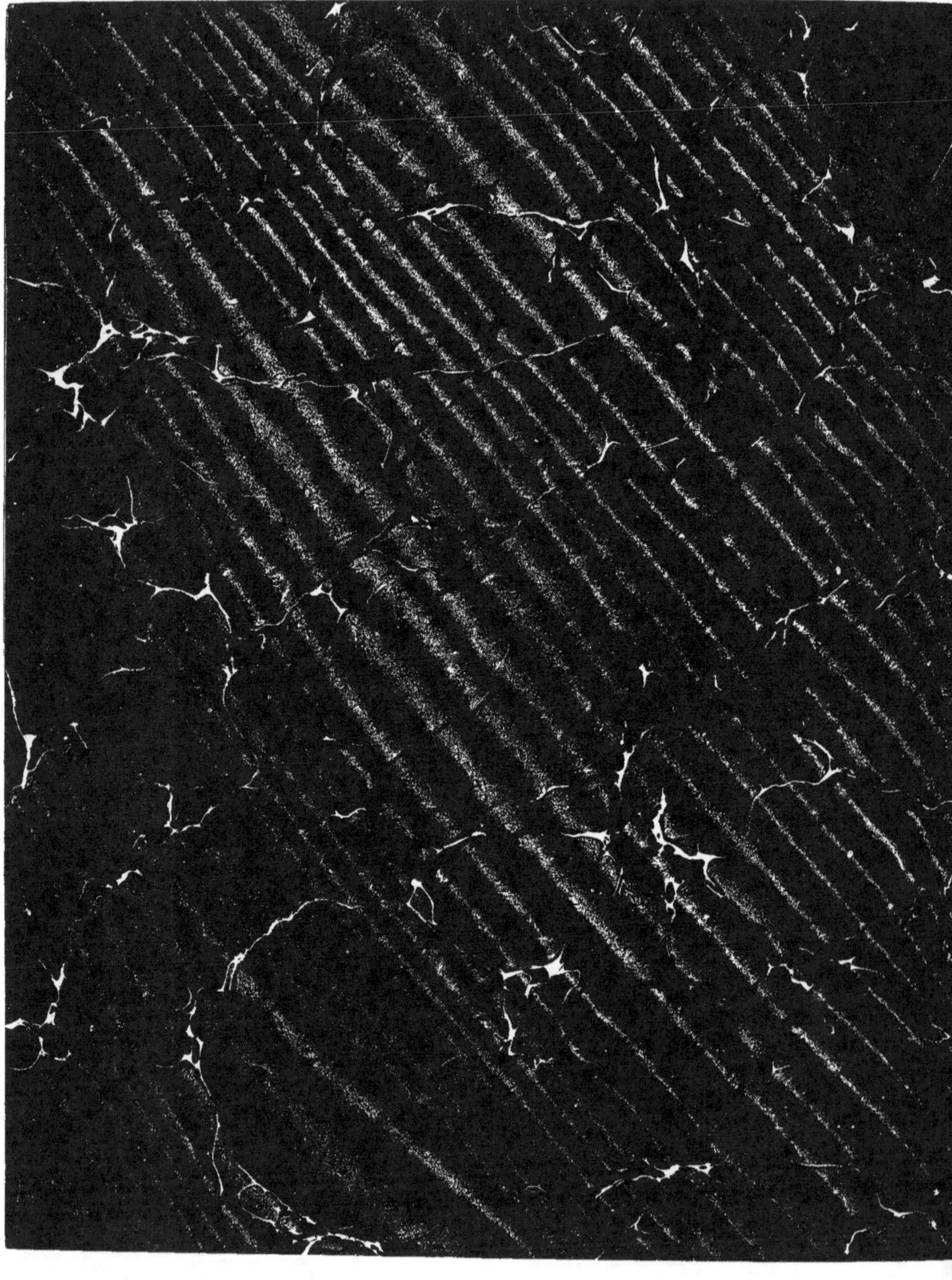

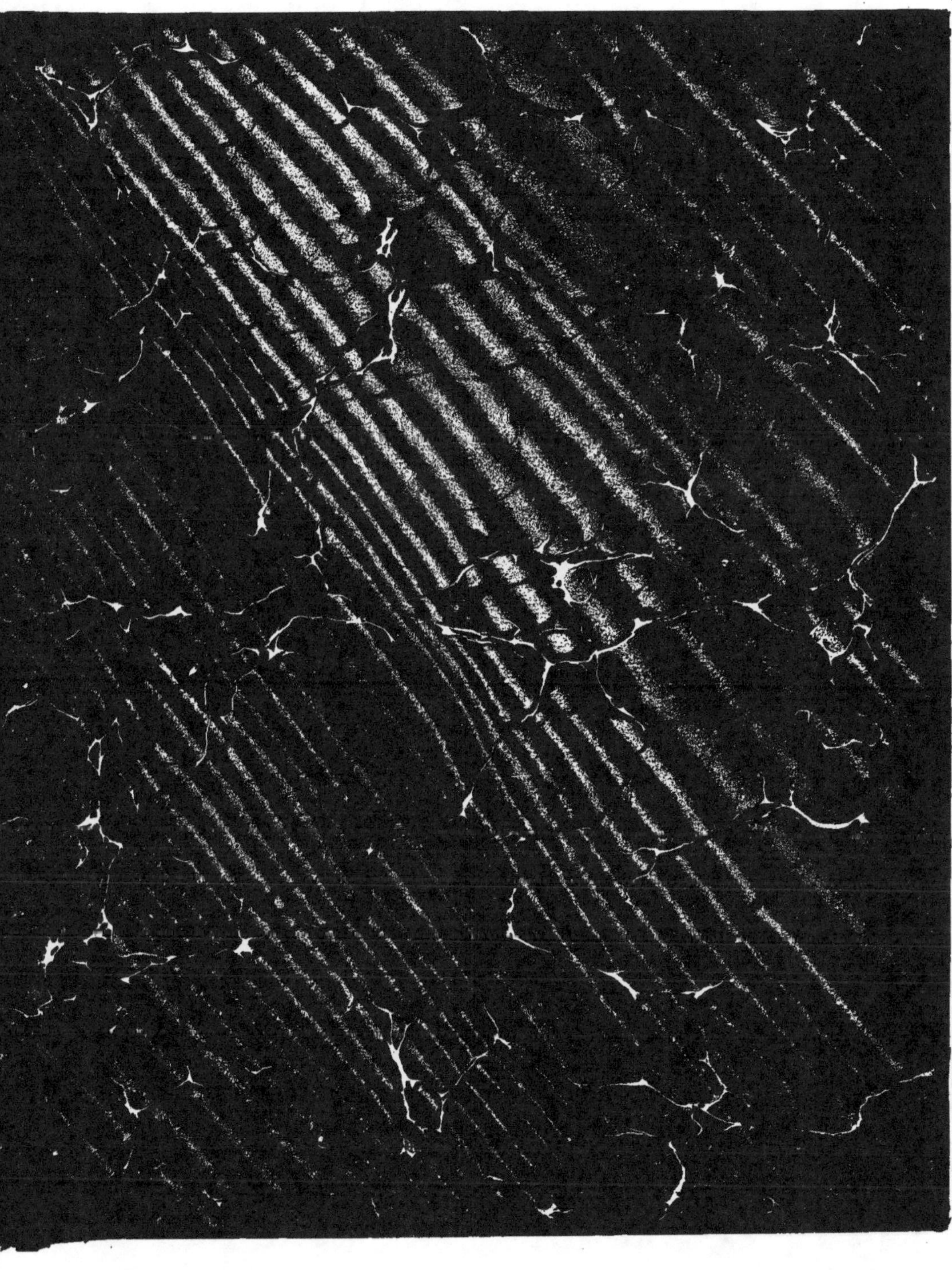

BIBLIOTHÈQUE NATIONALE DE FRANCE
3 7511 00025272 9

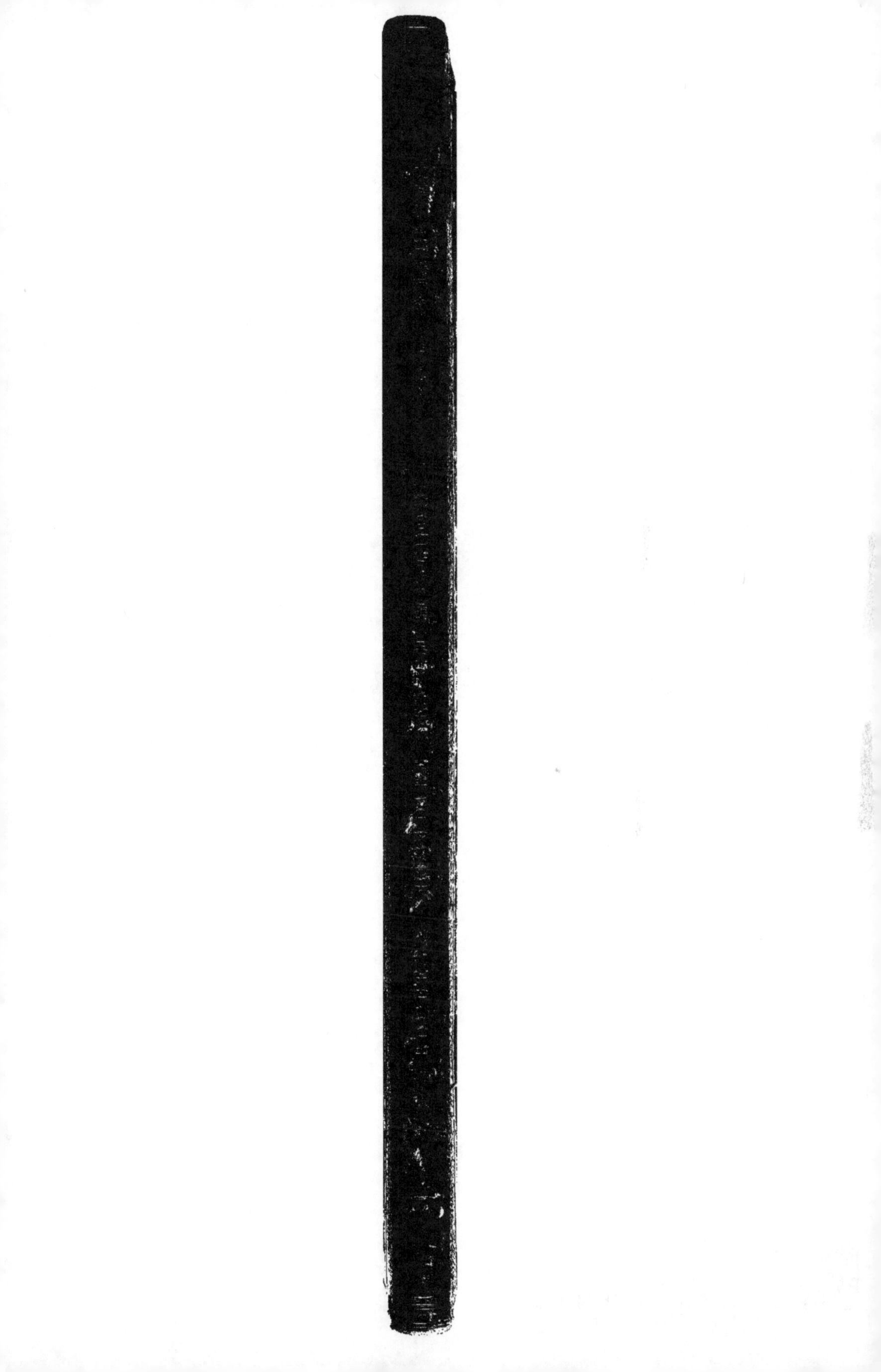

www.ingramcontent.com/pod-product-compliance
Lightning Source LLC
LaVergne TN
LVHW050435160826
845677LV00002BA/706